浙西南美丽林相树种推荐100种

王军峰　何小勇　练发良　主编

中国林業出版社
CFPH China Forestry Publishing House

图书在版编目(CIP)数据

浙西南美丽林相树种推荐100种 / 王军峰，何小勇，练发良主编．--
北京：中国林业出版社，2020.7
ISBN 978-7-5219-0644-8

Ⅰ.①浙… Ⅱ.①王… ②何… ③练… Ⅲ.①优良树种－浙江 Ⅳ.
①S722

中国版本图书馆CIP数据核字（2020）第112204号

内容简介

本书是浙江省重大科技专项“浙西南山区美丽林相改造关键技术集成研究与示范”项目实施的成果之一。项目组在对200余个候选树种讨论和打分的基础上，筛选出了本书编写的100个可供浙西南区域应用的特色景观树种。每个树种编写包含了学名、科属名称、形态特征、主要习性、景观应用、经济价值等内容，部分树种附有相似种予以简单区别，并辅以清晰细部特征和景观照片，以期读者对所编写的树种有全新的认识。

本书集科研、应用和科普于一体，可供林业工作者、园林设计人员和植物爱好者参考使用。

中国林业出版社·自然保护分社（国家公园分社）

策划编辑：肖静

责任编辑：何游云 肖静

出版 中国林业出版社（100009 北京市西城区德内大街刘海胡同 7 号）
http://www.forestry.gov.cn/lycb.html 电话：（010）83143577
发行 中国林业出版社
印刷 河北京平诚乾印刷有限公司
版次 2020 年 8 月第 1 版
印次 2020 年 8 月第 1 次印刷
开本 889mm × 1194mm 1/32
印张 7.375
字数 100 千字
定价 68.00 元

前言

森林是支撑人类文明大厦的基础，是实现可持续发展的依托。良好的生态环境是最公平的公共产品，是最普惠的民生福祉。素有“浙南林海”之称的丽水市地处浙西南，市域面积1.73万平方千米，是全省陆域面积最大的地级市。她不仅是美不胜收的生态绿谷，也是积淀深厚的文化之都、令人心驰神往的旅游胜地，更是历经革命洗礼的红色热土、朝气蓬勃的发展之城。全市林地面积2199.19万亩[①]，占全省林地总面积的五分之一强，居全省第一；全市森林覆盖率81.70%，名列全省首位，全国各地级市前茅；全市活立木总蓄积量为8597.03万立方米，占全省总量的四分之一，居全省第一。

森林是丽水最大的财富、生态是丽水最大的优势。为深化林业改革发展，全面推进全国集体林业综合改革试验示范区建设，2016年5月中共丽水市委、丽水市人民政府印发了《关于深化林业改革发展　全面推进美丽林相建设的意见》（丽委发〔2016〕18号），提出围绕“一江、四路、十城、百景、百镇、千村”等重点区域，通过20年的持续努力，全市建设美丽林相1000万亩，其中到2020年完成美丽林相建设320万亩。这是一项林业人立足长久，功不在当代、利在千秋的浩大工程。作为首批国家生态文明先行示范区，按照“远近结合，统筹布局，突出重点，由点到线，线连成片”的原则，打造“多树种、多层次、多色彩、多功能”森林，推

① 1亩＝1/15hm^2，下同。

动林业从“砍树”“种树”向“看树”转型发展，以“绿起来”首先带动“富起来”，进而加快实现“强起来”，增加农民收入，实现乡村振兴，对丽水市提速绿色发展、引领“两山”实践、争创全国标杆具有重要的意义。

森林景观改造是一个庞大的系统工程，美丽林相建设需要技术支撑。为了服务浙西南山区美丽林相建设，丽水市林业科学研究院组织实施了浙江省重大科技专项“浙西南山区美丽林相改造关键技术集成研究与示范”（2015C02024），组织开展了地域性景观植物调查与美丽林相树种组合模式研究，重点开展代表性植物群落调查及构成分析，目标景观树种筛选及其特性研究，标志性美丽林相树种组合模式研究。同时，进行山区近自然方法的林相改造技术集成研究和示范，重点开展目标景观树种配植技术集成与研究，异龄复合近自然景观生态林培育技术研究，近自然景观生态林目标单株培育技术研究。

本书重点介绍推荐可供浙西南美丽林相建设工程中运用的100个树种。项目组采用层次分析法建立美丽林相树种评价体系，对浙西南山区的常见树种、景观特色树种、园林引种运用的200多个树种进行打分评价，并对入选树种进行了实地调查观察，组织有关人员对其特性和应用进行了分析讨论。每一个树种根据《中国植物志》进行了描述并按照学名、别名、科属、形态特征、主要习性、景观应用、经济价值等方面作介绍，相近种也作说明。在编排上，裸子植物按照郑万钧系统排列，被子植物按照恩格勒系统排列，科内属、种按照拉丁名字母顺序排列，以方便读者查阅使用。

项目的实施和本书的出版得到丽水市、各县（市、区）林业有关部门的大力支持，在此深表谢意！感谢高亚红、刘军、李华东、蒋明、马丹丹、谢文远、梅旭东等对本书提供的精美图片和无私帮助。由于浙西南树种资源极为丰富，不同海拔对树种的观赏和适应性也有影响，研究还有待深入，加之水平有限，书中难免有许多疏漏之处，恳请广大读者批评指正！

编者

2020年1月

目 录
Contents

01 银杏

学名：*Ginkgo biloba*
别名：白果、公孙树
科属：银杏科银杏属

形态特征：落叶大乔木，高达40m。树皮纵裂。雌雄异株；通常雌株树冠较雄株开展。枝条有长短枝之分。叶片扇形，浅绿色，具长柄，顶端宽5～8cm，中央浅裂或深裂。球花生于短枝叶腋。种子椭圆形，熟时黄色或橙黄色，被白粉。花期3～4月，种子9～10月成熟。

主要习性：喜光稍耐阴。对气候适应性强。适合在酸性到弱碱性土壤生长，不耐盐碱土及过湿的土壤，较耐干旱瘠薄。具深根性。寿命长，生长较慢。

景观应用：树体高大，枝叶浓密，秋叶转黄后，色泽鲜艳，十分醒目，彩化效果突出，适宜在庭院、道路和公园等处作观赏树景观应用，亦适合在山地种植，是林相建设优良秋色树种。

经济价值：木材供建筑、家具、雕刻等用。叶片和种子具药用价值，种子可食用（多食易中毒）。

金钱松

学名：*Pseudolarix amabilis*
别名：金松
科属：松科金钱松属

形态特征：落叶乔木，高达40m。树皮呈不规则鳞片状剥离。大枝不规则轮生，平展。叶条形，在长枝上互生，在短枝上轮状簇生。雄球花黄色，下垂；雌球花紫红色，直立。球果卵形或倒卵形，成熟前绿色或淡黄绿色，熟时淡红褐色。花期4月，果10月成熟。

主要习性：喜光。喜凉爽湿润气候。耐寒。适生于湿润多雾、土层深厚、肥沃、排水良好的酸性土壤，忌干旱、贫瘠。

景观应用：为我国特有树种。树干通直，树姿优美，秋叶转金黄色，颇为美观，适合在公园、庭院、景区等处作景观树，尤其适合山地湿润环境生长，可作为美丽林相黄色系树种种植，宜群植、片植或林缘点植或带状种植。

经济价值：木材可作建筑、板材及家具等用材。

03 水杉

学名：*Metasequoia glyptostroboides*
科属：杉科水杉属

形态特征：落叶乔木，高达35m。幼树尖塔形，老树则为广圆形。干基常膨大。树皮灰褐色。叶交互对生，呈羽状排列，条形，扁平，秋季转黄色后再转为黄褐色，落叶迟。雌雄同株，单性；雄球花单生于枝顶和侧方，排成总状或圆锥花序状；雌球花单生于去年生枝顶或近枝顶。球果近球形，熟时深褐色，下垂。花期2月，果熟期11月。

主要习性：喜光。对环境适应性较强，耐干旱，耐水湿，抗高温，也抗寒，生长速度快。

景观应用：我国特有古老珍稀树种。树体高大挺拔，树形规则，枝叶浓密，枝叶羽毛状，春季新叶黄绿色，秋季转黄色后再转为黄褐色，色叶期较长，适合作为山地、道路、城区和水系边绿化彩化树种，在林相建设中宜群植或片植，也是重要的景观及四旁绿化树种。

经济价值：材质轻软，纹理直，可作建筑、农具及家具等用材。

04 落羽杉

学名：*Taxodium distichum*
科属：杉科落羽杉属

形态特征：落叶乔木，高达30m。树冠在幼年期呈圆锥形。树干基部常膨大且有屈膝状之呼吸根。树皮呈长条状剥落。叶条形，长1.0～1.5cm，排成羽状2列，上面中脉凹下。球果圆球形或卵圆形，熟时淡褐黄色。花期5月，果熟期次年10月。

主要习性：喜光。喜暖热湿润气候。耐水湿，能生于浅沼泽中，亦能在排水良好的陆地上生长。喜湿润而富含腐殖质土壤。抗风性强。生长迅速。

景观应用：树形挺拔，片植整齐美观，叶呈羽毛状，入秋变棕褐色，是良好的秋色叶树种，适宜在边坡、路旁、水旁等处配植作景观林带。

经济价值：木材纹理直，硬度适中，耐腐，可供建筑、家具、电杆、造船等用。

相似种

池杉（*Taxodium distichum* var. *imbricatum*）：叶钻形，常螺旋状排列，长1cm以下。枝条向上伸展，树冠尖塔形。

05 杨梅

学名：*Myrica rubra*
别名：山杨梅
科属：杨梅科杨梅属

形态特征：常绿乔木，高达12m，胸径60cm。树冠近球形。叶革质，常为椭圆状倒披针形，长4～12cm，全缘或近端部有浅齿。雌雄异株；雄花序紫红色。核果球形，表面具乳头状突起，熟时深红色，紫黑色或白色，多汁；果核木质坚硬。花期3～4月，果期6～7月。

生态习性：喜光，稍耐阴。喜温暖湿润气候，稍耐寒。适生于排水良好的酸性土壤。深根性，萌芽性强。对二氧化硫、氯气等有毒气体抗性较强。

景观应用：树冠球形，枝叶浓密，新叶紫红、淡红、草绿等色，初夏红果累累，十分可爱，是山地林相改造结合生产的优良树种，亦可园林配置作观赏树。

经济价值：果味酸甜适中，为著名水果，又可加工成杨梅干、罐头或蜜饯等。树皮富含单宁，可用作赤褐色染料及医药上的收敛剂。

美国山核桃

学名：*Carya illinoensis*
别名：薄壳山核桃
科属：胡桃科山核桃属

形态特征：落叶乔木，高达20m。树皮深纵裂。芽黄褐色。奇数羽状复叶；小叶卵状披针形至长椭圆状披针形，通常稍成镰状弯曲。雄性柔荑花序3条1束；雌性穗状花序直立，具3～10雌花。果实矩圆状或长椭圆形，革质；内果皮灰褐色，有暗褐色斑点。5月开花，果熟期9～11月。

主要习性：喜光。较耐寒。适生于土层深厚、排水良好的土壤。生长速度快。

景观应用：树体高大，枝叶繁茂，秋叶转黄，是良好的秋季色叶树种，可在山地、景区、公园等处作经济树种或景观树种。

经济价值：果实为著名坚果，可食用。

青钱柳

学名：*Cyclocarya paliurus*
别名：摇钱树
科属：胡桃科青钱柳属

形态特征：落叶乔木，高10～20m。树皮老时深纵裂。裸芽被褐色腺鳞。奇数羽状复叶；小叶7～13，椭圆形至长圆状披针形，侧生小叶基部偏斜，有细锯齿，上面中脉密被淡褐色毛及腺鳞。雌、雄花序均柔荑状；雌雄同株。果实具翅，形似铜钱，直径3～6cm。花期5～6月，果期9月。

主要习性：喜光，幼苗稍耐阴。适生于土层深厚、排水良好的沙质壤土。耐旱，萌芽力强。生长速度中等。

景观应用：树体高大，枝叶舒展，果如铜钱，秋叶转黄，为优良景观树种，适宜在山地、景区、公园等处作观赏树。

经济价值：木材轻软，是家具良材。树皮含鞣质，可供提制栲胶。嫩叶可作甜茶，有降糖、降压功效。

08 化香树

学名：*Platycarya strobilacea*
别名：化香
科属：胡桃科化香属

形态特征：落叶乔木，高达15m。树皮灰色，浅纵裂。奇数羽状复叶；小叶5～11枚，叶片卵状披针形或椭圆状披针形，长3～14cm，边缘有重锯齿，基部歪斜。柔荑花序直立，雄花序在上雌花序在下。果序球果状，长3～4cm，熟时深褐色，果苞内生有翅小坚果。花期5～6月，果熟期10月。

主要习性：喜光。耐寒。对土壤适应性强，在酸性土、钙质土上均可生长，耐干旱瘠薄。萌芽性强。

景观应用：树冠宽广，新叶嫩黄褐色，适应性强，耐干旱瘠薄，为荒山、坡地、沟谷等处绿化造林先锋树种，在园林绿化中可点缀景观应用。

经济价值：果序及树皮富含单宁，为重要栲胶树种。可作为嫁接胡桃、山核桃和薄壳山核桃之砧木。

09 光皮桦

学名：*Betula luminifera*
别名：亮叶桦
科属：桦木科桦木属

形态特征：落叶乔木，高达20m。树皮具环状裂纹。小枝、叶、叶柄、果序均密被短柔毛。叶在长枝上2列互生，短枝上通常仅生2叶；叶片椭圆形或卵形，顶端骤尖或呈细尾状，基部常圆形，边缘具不规则刺毛状重锯齿。雄花序2～5枚簇生。果序大部单生，长圆柱形。花期3～4月，果期5月。

主要习性：阳性树种，喜光。喜温暖湿润气候及酸性沙壤土。适应性强。易萌芽，生长较快。

景观应用：树干通直，树体高大，生长迅速，春季花序挂满枝头，秋叶变黄，是山地绿化优良的先锋树种，亦适于道路、景区、公园作绿化树种。

经济价值：材质良好，用于制造各种器具。树皮、叶、芽可供提取芳香油和树脂。

10 雷公鹅耳枥

学名：*Carpinus viminea*
别名：大穗鹅耳枥
科属：桦木科鹅耳枥属

形态特征： 落叶乔木，高10～20m。小枝密生白色小皮孔。叶纸质，椭圆形、卵状披针形，长6～11cm，先端渐尖至长尾状，基部圆形或微心形，边缘具重锯齿，侧脉12～15对；叶柄较细长。果序长5～15cm，下垂。小坚果宽卵圆形。花期3～4月，果期8～9月。

主要习性： 喜光。喜温暖湿润气候及深厚肥沃的酸性土壤。耐寒。萌蘖性强，耐修剪。

景观应用： 树姿优美，枝叶细腻，春、秋季叶色变化明显，是优良的景观树种，适宜于中低海拔山地、景区作林相改造。

经济价值： 材质优良，为材用树种。

11 甜槠

学名：*Castanopsis eyrei*
别名：茅丝栗
科属：壳斗科锥属

形态特征：常绿乔木，高达20m。树皮浅纵裂；全体无毛。单叶互生，革质，卵形至卵状披针形；顶部长渐尖，基部偏斜；全缘或在顶部有少数浅裂齿；下面淡绿色。雄花序穗状或圆锥花序；壳斗密生分枝刺，内有1枚坚果；坚果阔圆锥形。花期4~5月，果次年9~11月成熟。

主要习性：喜光。耐旱，不耐水涝。喜温暖湿润气候及深厚肥沃的酸性土壤。萌蘖性较强，稍耐修剪。生长较慢。

景观应用：树体高大优美，冠层枝叶茂密，呈云片状，春季新叶色彩丰富，是优良的景观树种，适宜在森林公园、山地栽植，亦可于公园作景观树种应用。

经济价值：果仁富含淀粉及可溶性糖，味甜，可生食，炒食具香味，亦可供酿酒。木材坚硬，经久耐用，不易变形。

相似种

米槠（*Castanopsis carlesii*）：叶片卵状披针形，下面具灰棕色鳞秕，先端长渐尖至尾尖。

栲树

学名：*Castanopsis fargesii*
别名：丝栗栲
科属：壳斗科锥属

形态特征：常绿乔木，高达30m。树皮浅纵裂。叶长椭圆形或披针形；顶部常短尖；叶背的蜡鳞层颇厚且呈粉末状。雄花序圆锥状；雌花单生于总苞内。壳斗通常圆球形，连刺直径1.5～2.5cm，总苞针刺状，内有1枚坚果；坚果球形。花期4～5月，果期9～10月。

主要习性：喜光。喜温暖湿润气候，能耐阴，多生于山谷腹地富含腐殖质而排水良好的沙质壤土。

景观应用：树体高大，枝叶繁密，新芽及叶背呈黄褐色，可全年观赏，为山地林相改造的优良树种，亦可于公园中作绿化树种。

经济价值：木材纹理直，坚硬耐久，供家具、建筑、农具等用。果实可生食。

13 南岭栲

学名：*Castanopsis fordii*
别名：毛锥、毛栲
科属：壳斗科锥属

形态特征： 常绿乔木，高8～15m。芽鳞、嫩枝、叶柄、叶背及花序轴均密被黄棕色长绒毛。叶革质，长椭圆形或长圆形，基部心形或浅耳垂状，全缘，叶背棕灰色（嫩叶红棕色）。雄穗状花序，常多穗排成圆锥花序，花密集。壳斗密聚于果序轴上；坚果扁圆锥形，密被伏毛。花期3～4月，果熟期次年9～10月。

主要习性： 喜光。喜温暖湿润气候。适生于深厚肥沃的酸性土壤。萌蘖性强。生长较慢。

景观应用： 树体高大，枝叶浓密，叶被绒毛，两面叶色差异明显，新叶尤甚，可在山地、景区、公园等处栽植作景观树种。

经济价值： 材质坚重，有弹性，纹理直，为优良用材树种。

14 秀丽栲

学名：*Castanopsis jucunda*
别名：秀丽锥、乌楣栲
科属：壳斗科锥属

形态特征：常绿乔木，高达25m。树皮块状脱落。幼枝被锈毛及鳞秕。叶近革质，卵形至长椭圆形，顶部短尖或渐尖，叶缘中部以上有锯齿。雄花序穗状；雌花序单穗腋生。果序长达15cm；壳斗近圆球形，苞片针刺形，横向连生成不连续刺环。花期4～5月，果熟期次年9～10月。

主要习性：喜光，耐半阴。喜温暖气候。适生于透气、湿润的酸性土壤，亦耐干旱和贫瘠。生长速度中等。

景观应用：树冠圆整，枝叶浓阴，四季常绿，新叶常紫红色，适应性强，宜在山地造林作风景林及先锋绿化树种。

经济价值：木材纹理直，密致，材质中等硬度，韧性较强。

15 苦槠

学名：*Castanopsis sclerophylla*
别名：苦槠栲
科属：壳斗科锥属

形态特征：乔木，高5～10m。树皮浅纵裂，片状剥落。叶革质，长椭圆形、卵状椭圆形或倒卵状椭圆形；边缘中部以上疏生锯齿；叶背淡银灰色。雄穗状花序，通常单穗腋生。果序长8～15cm，壳斗深杯状，几全部包围坚果；坚果近圆球形。花期4～5月，果熟期10～11月。

主要习性：喜光，稍耐阴。适应性强，对土壤要求不严，耐干旱贫瘠。萌芽性强。

景观应用：树形古朴，树冠宽广，枝叶浓密，新叶嫩绿，为华东地区山地常见树种，适宜在山地、公园、四旁等处作绿化树种。

经济价值：木材坚韧，可作建筑、造船、车辆等用材。果实富含淀粉，可供制粉条和豆腐。

16 钩栲

学名：*Castanopsis tibetana*
别名：钩栗、钩锥
科属：壳斗科锥属

形态特征：常绿乔木，高达30m。树皮灰褐色，呈片状剥离。叶片宽大，椭圆形，长15~30cm，中部以上有疏齿，表面深绿光亮，背面密被锈红色鳞秕，后脱落呈银灰色。总苞密生粗刺，内具单生坚果。花期5月，果熟期次年9~10月。

主要习性：较喜光。喜温暖湿润气候。适生于深厚肥沃的酸性土壤。萌蘖性较强，稍耐修剪。生长较慢。

景观应用：树体高大，树冠宽广，枝叶繁茂，两面叶色差异明显，为华东中低海拔山地常见树种，可在林区、四旁、公园等处作景观树种。

经济价值：材质坚重，适作建筑及家具用材。

17 赤皮青冈

学名：*Cyclobalanopsis gilva*
别名：赤皮椆
科属：壳斗科青冈属

形态特征：常绿大乔木，高达20m。小枝、芽、叶柄、花序轴和壳斗密被黄褐色毛。叶片披针形或倒卵状披针形，中部以上具短芒状锯齿，下面被灰黄色短茸毛。壳斗碗形，小苞片合生成6～7条同心环带；坚果倒卵状椭圆形，长1.5～2cm。花期5月，果期10月。

主要习性：喜光，稍耐阴。喜温暖湿润气候。适生于疏松肥沃的酸性土壤，不耐旱。萌蘖性较强。生长中速。

景观应用：树体高大，枝繁叶茂，为山地建群树种，叶背棕褐色，新叶常呈黄褐色，可作色叶树栽植于山地、公园、四旁等处。

经济价值：心材红褐色，为珍贵用材。坚果淀粉可供酿酒。

18 细叶青冈

学名：*Cyclobalanopsis gracilis*
别名：小叶青冈栎
科属：壳斗科青冈属

形态特征： 常绿乔木，高达25m。树皮灰褐色。小枝有皮孔，芽圆锥形。叶片椭圆状披针形，长4.5～9cm，先端渐尖，叶缘近中部以上有细尖锯齿，叶基常不对称，叶背有灰白色蜡粉层，侧脉7～13对。壳斗碗形，苞片合生成6～10条同心环带；坚果椭圆形，直径约1cm。花期4～6月，果期10月。

主要习性： 喜光，亦耐半阴。喜温暖湿润气候及深厚肥沃的酸性土壤。萌蘖性较强，稍耐修剪。生长中速。

景观应用： 树体高大，枝叶浓密，叶片上面绿色，背面粉白色，两面叶色迥异，可作常色叶树种搭配应用于中低海拔山地林相改造。

经济价值： 材质优良。可作桩柱、车船、工具柄等用材。种子含淀粉，可作饲料或供酿酒。

相似种

多脉青冈（*Cyclobalanopsis multinervis*）：叶片长椭圆形，宽3cm以上，侧脉13～16对，下面被白色的蜡粉层。

19 光叶水青冈

学名：*Fagus lucida*
别名：亮叶水青冈
科属：壳斗科水青冈属

形态特征：落叶乔木，高15m。树皮灰白色，不裂。叶互生，宽卵形或卵状椭圆形，基部宽楔形至平截，边缘波状，有细尖锯齿，下面沿中、侧脉贴生长柔毛，侧脉9～11对；叶柄长1～1.5cm。苞片鳞片状，紧贴；壳斗3瓣裂，具1枚坚果，栗褐色，卵状三棱形。花期4～5月，果期9月。

主要习性：喜光。适生于温暖湿润环境。萌蘖性强。生长速度慢。

景观应用：树体伟岸，树冠圆整，秋叶变色统一，满树金黄色，十分醒目，适宜在中海拔山地作林相改造树种。

经济价值：木材坚硬，用途广泛。

麻栎

学名：*Quercus acutissima*
别名：栎
科属：壳斗科栎属

形态特征：落叶乔木，高达30m。树皮不规则深纵裂。冬芽卵形，被柔毛。叶片形态多样，通常为椭圆状披针形，叶缘有刺芒状锯齿。雄花序常数个集生于当年生枝下部叶腋，有花1～3朵。苞片钻形，反卷；坚果卵形或椭圆形；壳斗碗状。花期3～4月，果熟期次年9～10月。

主要习性：喜光。适应性强，对土壤要求不严。耐干旱瘠薄，亦耐寒。深根性。

景观应用：树体高大，枝叶茂密，适应性强，新叶嫩黄，秋叶金黄，季相变化明显，是荒山坡地林相改造的先锋树种，亦可作庭荫树、行道树。

经济价值：木材可作枕木、桥梁、地板等用材。种子含淀粉，可作饲料和工业用淀粉。

相似种

小叶栎（*Quercus chenii*）：冬芽圆锥形。叶片较狭小，边缘波状起伏，叶柄短于1.5cm。壳斗仅口缘处苞片反卷。

21 白栎

学名：*Quercus fabri*
科属：壳斗科栎属

形态特征：落叶灌木或乔木，高达20m。树皮深纵裂。小枝粗壮。叶倒卵形至椭圆状倒卵形，长7～15cm，先端钝或短渐尖，缘有波状粗钝齿，背面灰白色，密被星状毛。雄花序为下垂柔荑花序。总苞碗状；坚果长椭圆形。花期4月，果熟期10月。

主要习性：喜光。喜温暖气候，耐寒。对土壤适应性强，耐干旱瘠薄。耐修剪。萌芽力强。

景观应用：树体多低矮，为贫瘠山地常见树种，秋叶呈黄、红、棕等色，是荒坡、荒地、林缘等处林相景观改造的优良树种。

经济价值：木材可用来培植香菇。种子含淀粉。树皮及总苞含单宁，可供提取栲胶。

相似种

短柄枹栎（*Quercus serrata* var. *brevipetiolata*）：小枝无毛；叶缘具粗锯齿；齿端具腺。秋叶呈黄色，可作林相景观改造树种。

珊瑚朴

学名：*Celtis julianae*
科属：榆科朴属

形态特征：落叶乔木，高达30m。树皮灰色，平滑。小枝、叶柄均密被黄褐色绒毛。叶厚纸质，宽卵形至卵状椭圆形，基部稍不对称，先端短渐尖至尾尖，叶背密生短柔毛。果单生叶腋，近球形，长10～12mm，金黄色至橙红色。花期3～4月，果期9～10月。

主要习性：喜光。喜温凉湿润气候。适应性强，在微酸性、中性及石灰性土壤上都能生长。生长迅速。

景观应用：树高干直，冠大阴浓，枝条披散，秋叶转黄，为常见绿化景观树种，可在公园、林区、街道、四旁及厂矿区等处作绿化树种。

经济价值：木材坚实，可作器具、家具等用材。树皮纤维可供制绳索、织袋、造纸和作人造棉原料。

朴树

学名：*Celtis sinensis*
别名：黄果朴、沙朴
科属：榆科朴属

形态特征：落叶乔木，高达20m。树皮粗糙而不裂。小枝密被毛。叶片宽卵形、卵状长椭圆形，先端急尖，基部圆形偏斜，边缘中部以上具疏而浅锯齿，下面网脉隆起。核果单生或2～3个并生叶腋，近球形，直径4～6mm，熟时红褐色；果梗与叶柄近等长。花期4月，果期10月。

主要习性：喜光，稍耐阴。喜温暖湿润气候。对土壤适应性强。深根性。抗风力强。

景观应用：树形古朴，树冠宽广，枝叶浓密，秋叶变黄，景观效果好，为华东地区常见乡土树种，可在荒坡、荒地、公园、滩地、庭院等处栽植作景观树。

经济价值：木材坚硬，可作家具或工业用材。根、皮、嫩叶可入药。

24 杭州榆

学名：*Ulmus changii*
科属：榆科榆属

形态特征：落叶乔木，高达20m。树皮平滑或细纵裂。冬芽卵圆形或近球形。叶卵形或卵状椭圆形，长3～11cm，基部偏斜，边缘常具单锯齿。簇状聚伞花序生于去年生枝上。翅果长圆形或椭圆状长圆形，全被短毛。花果期3～4月。

主要习性：耐半阴。喜温暖湿润气候。对土壤要求不严，能适应酸性土及微碱性土。生长速度中等。

景观应用：树形潇洒，叶色浓绿，秋叶金黄色，适应性强，适于在山地、景区、公园等处作景观树。

经济价值：木材坚实耐用，可作家具、地板及建筑等用材。

相似种

长序榆（*Ulmus elongata*）：叶缘具大而深的重锯齿，齿端尖而内弯；花排成总状聚伞花序，下垂。

25 榔榆

学名：*Ulmus parvifolia*
科属：榆科榆属

形态特征：落叶乔木，高达25m。树皮不规则鳞状薄片剥落。小枝密被短柔毛。叶披针状卵形或窄椭圆形，先端尖或钝，基部偏斜，边缘具单锯齿，侧脉每边10～15条。秋季开花结果，簇生于当年生枝叶腋。翅果椭圆形或卵状椭圆形。花果期9～11月。

主要习性：喜光。喜温暖湿润气候。适应性强，耐干旱贫瘠，亦耐水湿。萌芽性强。

景观应用：树姿优美，树皮斑驳，枝叶茂密，秋叶转粉红色、紫红色、黄色等，为优良的乡土景观树种，宜在荒坡、景区及四旁等处作绿化树种。

经济价值：材质坚韧，纹理直，可作家具、车辆、器具等用材。树皮纤维可作蜡纸及人造棉等原料。

大叶榉树

学名：*Zelkova schneideriana*

别名：榉树

科属：榆科榉属

形态特征：落叶乔木，高达30m。树皮呈薄片状或块状剥落。一年生枝条被柔毛。叶薄纸质至厚纸质，卵形、椭圆形或卵状披针形，基部稍偏斜，圆形或浅心形，边缘具桃形锯齿，下面密被淡灰色柔毛。核果淡绿色，斜卵状圆锥形，偏斜。花期4月，果期10~11月。

主要习性：喜光。喜温暖湿润气候。土壤适应性强，耐旱，耐贫瘠。深根性，抗风性强。萌蘖性较强，耐修剪。生长速度中等。

景观应用：树体高大，树姿优美，秋叶变红色、黄色等，变色期统一，色叶期长，是山林林相改造的优良树种，亦作园景树、行道树、用材树等。

经济价值：材质优良，作建筑、桥梁、家具等用材。树皮和叶供药用。

构树

学名：*Broussonetia papyrifera*
别名：褚
科属：桑科构属

形态特征：落叶乔木，高10～20m。小枝粗壮，密被绒毛。全株含乳汁。叶互生，叶片宽卵形，叶缘有粗齿，不裂或3～5深裂，上面具糙伏毛，下面密被柔毛；叶柄密被绒毛。花单性，雌雄异株；雄柔荑花序长6～8cm，着生于叶腋；雌花序头状。聚花果球形，成熟橙红色。花期5月上旬，果期8～9月。

主要习性：喜光。适应性极强，对土壤要求不严，耐干旱瘠薄。耐烟尘，抗大气污染力强。生长迅速，萌蘖性强。

景观应用：树冠宽广，生长迅速，秋叶逐次变黄，色叶期长，是荒滩、荒地及荒坡等处绿化的先锋树种，亦可在四旁、景区、河道旁等处栽植绿化。

经济价值：茎皮富含纤维，可作造纸材料。果、根及皮可供药用。

连香树

学名：*Cercidiphyllum japonicum*
别名：巴蕉香清
科属：连香树科连香树属

形态特征：落叶乔木，高10～20m。树皮呈薄片剥落。叶近圆形，先端圆钝或急尖，基部心形或截形，边缘有圆齿，掌状脉5～7条。雄花常4朵丛生，花小。蓇葖果2～4个，荚果状，微弯曲；种子扁平四角形，先端有透明翅。花期4月，果期8月。

主要习性：生于750～1400m较高海拔的山坡或山谷溪边杂木林中。喜光，稍耐阴。喜凉爽湿润气候。适生于土层深厚而肥沃的酸性土壤中。萌蘖性强，寿命长。

景观应用：树体高大，叶形美观，入秋转色，观赏价值高，适宜作庭院树、景观树栽培，也可用作中海拔山地林相改造树种。

经济价值：果与叶可作药用。树皮及叶均含鞣质，可供提制栲胶。

鹅掌楸

学名：*Liriodendron chinense*
别名：马褂木
科属：木兰科鹅掌楸属

形态特征：落叶乔木，高达40m。叶马褂状，长6～16cm，先端平截或微凹，近基部有1对裂片，下面苍白色。花杯状，花被片9片，绿色，外轮3片向外弯垂，内两轮6片直立，具黄色纵条纹；开花时雌蕊群超出花被之上；聚合果长7～9cm。花期5月，果期9～10月。

主要习性：喜光，幼时耐阴。喜温暖湿润气候及深厚肥沃、排水良好的酸性土壤。较耐寒，稍耐旱，不耐涝，怕盐碱。具一定萌蘖性。生长迅速。

景观应用：树冠如伞，叶形奇特，花大美丽，春叶翠绿，秋叶金黄，适于孤植或群植于公园、景区、道路等处，亦可片植作风景林和山地林相改造树种。

经济价值：木材是建筑、造船、家具、细木工的优良用材；叶和树皮入药。

玉兰

学名：*Magnolia denudata*
别名：白玉兰、山玉兰
科属：木兰科木兰属

形态特征：落叶乔木，高达15m。小枝淡灰褐色，冬芽密生灰绿色开展之柔毛。叶片倒卵形、宽倒卵形，先端宽圆或平截，具短急尖头，下面被柔毛。花先于叶开放，直径12～15cm，大而显著，花被片9片，纯白色或带紫色条纹。聚合果呈不规则圆柱形，部分心皮不发育。花期3～4月，果期9～10月。

主要习性：喜光，耐半阴。喜温暖湿润气候，耐寒。不耐干旱和盐碱。对烟尘抗性较强。

景观应用：树形端正，早春繁花满树，花大、洁白且清香，秋叶次第变黄，为重要园林观赏树种，也可作低海拔山区林相改造及水土保持树种。

经济价值：木材可供雕刻。花瓣可食用。树皮可入药。

相似种

黄山玉兰（*Magnolia cylindrica*）：叶片倒卵状椭圆形，叶背粉绿色；外轮花被片呈萼片状。

深山含笑

学名：*Michelia maudiae*
别名：野厚朴、莫氏含笑花
科属：木兰科含笑属

形态特征： 常绿乔木，高达20m。各部均无毛；芽、嫩枝、叶下面、苞片均被白粉。叶革质，长圆状椭圆形，长7～18cm，上面深绿色，有光泽，下面灰绿色。花单生于叶腋，芳香；花被片9片，白色。聚合果长椭圆状，长7～15cm。种子红色。花期2～3月，果期9～10月。

主要习性： 喜光，幼时较耐阴。喜温暖湿润环境，稍耐寒。适生于土层深厚、疏松、肥沃而湿润的酸性沙质土。生长快，根系发达。萌芽力强。

景观应用： 树体高大，枝繁叶茂，终年常绿，早春白花满树，花大芳香，是优良的春季观花植物，宜在公园、景区、山地等处栽培作景观树和林相改造树种。

经济价值： 木材可作家具、板料、细木工等用材。

32 乐东拟单性木兰

学名：*Parakmeria lotungensis*
科属：木兰科拟单性木兰属

形态特征：常绿乔木，高达30m。树皮灰白色。当年生枝绿色。叶革质，椭圆形或倒卵状椭圆形，上面深绿色，有光泽；侧脉每边9～13条。花白色，有香味，具花被片9～14片。聚合果常卵状长圆形；种子具红色外种皮。花期4～5月，果期9～10月。

主要习性：喜光，幼时耐阴。喜温暖湿润气候。适生于疏松肥沃、排水良好的土壤。生长速度中等。

景观应用：树干通直，树姿端正，新叶红艳，老叶常年具光泽，可作观叶树种，适宜群植于公园、景区、山地作风景林，也可作山地林相改造树种。

经济价值：木材纹理细致，可作材用。

33 醉香含笑

学名：*Michelia macclurei*
别名：火力楠
科属：木兰科含笑属

形态特征：常绿乔木，高30m。树皮灰白色，光滑不开裂。芽、幼枝、幼叶均密被锈褐色短绒毛。叶卵形或椭圆形，厚革质，长7～14cm。花被片白色，通常9片，芳香。聚合果长3～7cm；种子卵形，红色。花期3～4月，果期10月。

主要习性：喜光，稍耐阴。喜温暖湿润的气候，耐寒性较强。喜土层深厚的酸性土壤，忌干旱耐瘠。萌芽力强，生长迅速，寿命长。

景观应用：树干通直，树体高大，枝繁叶茂，花色洁白，富含芳香，叶片正背两面颜色差异明显，是优良的林相改造和防火树种，亦可在庭院、公园和工矿区作绿化、美化树种。

经济价值：木材易加工，可作建筑、家具的优质用材。花芳香，可供提取香精油。

樟树

学名：*Cinnamomum camphora*
别名：香樟
科属：樟科樟属

形态特征：常绿乔木，高达30m。小枝无毛。叶片薄革质，卵状椭圆形，边缘微波状，具离基三出脉，上面脉腋泡状隆起，叶背具明显腺窝，略有白粉。圆锥花序腋生；花小，绿白色或带黄色，具清香。浆果状核果近球形，熟时紫黑色。花期4～5月，果期8～11月。

主要习性：喜光，稍耐阴。喜温暖湿润气候，耐寒性不强。对土壤要求不严。深根性，萌蘖性强。寿命长。

景观应用：树冠宽广，枝繁叶茂，春季新叶色彩丰富，可作彩色叶树种，孤植、群植于道路、公园、景区等处，也可作低海拔山地林相改造树种。

经济价值：树干、根、枝、叶可供提取樟脑和樟油。根、果、枝和叶可入药。

35 山胡椒

学名：*Lindera glauca*
别名：假死柴
科属：樟科山胡椒属

形态特征：落叶灌木或小乔木，高达8m。小枝灰白色。叶互生，椭圆形、宽椭圆形至倒卵形，被白色柔毛，纸质，羽状脉；叶枯后不落，次年新叶发出时落下。伞形花序腋生于新枝下部，与叶同放；花小，花被片黄色。果球形，熟时黑褐色。花期3~4月，果期7~8月。

主要习性：喜光，幼树稍耐阴。喜温暖湿润气候，耐寒。对土壤要求不严。耐干旱贫瘠。萌蘖性强，耐修剪。生长速度中等。

景观应用：春季新叶红色，秋季老叶橙黄色，枯后经冬不凋，适于景区或公园栽培观赏，也适于作山地林相改造树种。

经济价值：木材可作家具用材。叶、果皮可供提芳香油。根、枝、叶、果可药用。

刨花润楠

学名：*Machilus pauhoi*
别名：刨花楠
科属：樟科润楠属

形态特征：常绿乔木，高达25m。树皮灰褐色，浅裂。小枝绿色。叶常集生于小枝顶端，椭圆形或狭椭圆形，长8～15cm，先端渐尖或尾状渐尖，革质，叶背贴伏绢毛。聚伞状圆锥花序生于新枝下部，长达10cm；花黄绿色。果球形，熟时黑色，果梗红色。花期3月，果期6月。

主要习性：喜光，亦耐阴。喜温暖湿润的气候。适生于疏松肥沃的酸性土壤。萌蘖性较强，生长速度中等。

景观应用：冠形优美，枝叶茂密，新叶红艳，为优良的观赏树种，适合在公园、道路、山地等处栽植作景观树和林相改造树种。

经济价值：木材作建筑、家具用材。种子含油脂，为制造蜡烛和肥皂原料。

相似种

薄叶润楠（华东楠）（*Machilus leptophylla*）：树冠层次性强；顶芽大，宽卵形；叶片倒卵状长圆形，长14～24cm。

相似种

红楠（*Machilus thunbergii*）：顶芽无毛；叶背无毛，微被白粉；叶片倒卵形至倒卵状披针形，长5～8cm。

闽楠

学名：*Phoebe bournei*
别名：楠木
科属：樟科楠木属

形态特征：常绿乔木，高15～20m。树干通直，新树皮带黄褐色。叶革质，披针形或倒披针形，长7～15cm，中部最宽，先端长渐尖，上面发亮，叶缘常反卷。圆锥花序生于新枝中下部，花小。果椭圆形或长圆形，长1.0～1.5cm，熟时蓝黑色；宿存花被片被毛。花期4月，果期10～11月。

主要习性：喜半阴。喜温暖湿润气候，较耐寒。适生于水肥条件良好的环境。生长较慢。

景观应用：树干通直，树冠端正，新叶深红色至淡黄色，是优良的春色叶树种，适宜在山地、景区、公园等处作景观树。

经济价值：木材纹理直，结构细密，为建筑、高级家具等良材。

38 檫木

学名：*Sassafras tzumu*
别名：檫树
科属：樟科檫木属

形态特征：落叶乔木，高达35m。树皮深纵裂。小枝黄绿色。叶互生，聚生于枝顶，卵形或倒卵形，全缘或2～3浅裂，离基三出脉。花序顶生，先于叶开放，花小，黄色。果近球形，成熟时由红色转蓝黑色，果托呈红色。花期2～3月，果期7～8月。

主要习性：喜光。喜温暖湿润气候，适宜于土层深厚、透气，排水良好的酸性土壤。深根性，萌芽力强。生长迅速。

景观应用：树干挺拔，树冠层次性强，早春黄花满枝，秋叶红黄悦目，适宜作园景树、山地绿化树种和林相改造树种。但需避免群植或片植，宜采用单株分散种植或丛植。

经济价值：木材材质优良，用于造船、水车及上等家具。根和树皮入药。果、叶及根含芳香油。

39 细柄蕈树

学名：*Altingia gracilipes*
别名：细柄阿丁枫
科属：金缕梅科蕈树属

形态特征：常绿乔木，高达20m。树皮灰褐色，片状剥落。叶革质，卵形或卵状披针形，长4～7cm，先端尾状渐尖，叶缘具细小锯齿或全缘。雌雄同株；雄花排成圆锥花序；雌花排列成头状花序。果序头状，木质；种子多数，细小。花期4月，果熟期10月。

主要习性：喜光。喜温暖湿润气候。适合在肥沃、湿润及排水良好的沙壤土上生长，稍耐旱。

景观应用：树体高大，冠大浓阴，整体景观效果突出，枝叶细腻，新梢呈红色或黄绿色，是良好的春色叶树种和林相改造树种，适宜在公园、庭院、山地、景区处作景观树。

经济价值：树皮含芳香性挥发油，可供药用及香料之用。

40 金缕梅

学名：*Hamamelis mollis*
科属：金缕梅科金缕梅属

形态特征： 落叶灌木或小乔木，高3～6cm。树皮灰白色。幼枝密生星状绒毛。裸芽有柄。叶宽倒卵形，长8～15cm，先端急尖，基部歪心形，缘有波状齿，背面密被灰白色星状毛。花先于叶开放，具芳香；花瓣4片，狭长如带，淡黄色，基部带红色。蒴果卵球形。花期2～3月，果期6～8月。

主要习性： 喜光，耐半阴。喜温暖冷凉气候，耐寒。对土壤要求不严。根系发达，萌蘖性强。

景观应用： 早春开花，先花后叶，花形奇特，宛如金缕，缀满枝头，是优良的早春观花树种和中海拔山地林相改造树种，适宜在荒坡、林缘、公园等处栽植观赏。

经济价值： 花枝可作切花材料。根可入药。

枫香树

学名：*Liquidambar formosana*
别名：枫香、枫树
科属：金缕梅科枫香树属

形态特征：落叶乔木，高达40m，胸径达1.5m。树皮灰褐色，方块状剥落。小枝具柔毛。叶阔卵形，掌状3裂，裂片先端尾状渐尖，基部心形或平截，叶缘具腺齿。头状果序圆球形，直径3～4cm，宿存花柱长达1.5cm；蒴果宿存花柱及针刺状萼齿。花期4～5月，果熟期10月。

主要习性：喜光，幼树耐半阴。对气候、土壤要求不严。耐干旱贫瘠。深根性。萌芽力强。

景观应用：树体高大，气势雄伟，秋叶色彩丰富，黄、红色系，变色整齐且色叶期长，是南方重要的秋色叶景观树种，可作园林景观树或行道树，亦可在山地、丘陵、平原等区域营造景观林。

经济价值：木材坚硬可供制家具。树脂、根、叶及果实可入药。

檵木

学名：*Loropetalum chinense*
别名：继木
科属：金缕梅科檵木属

形态特征：半落叶灌木或小乔木，高4～12m。小枝、叶柄、叶背及花萼均有黄褐色星状短柔毛。叶卵形或椭圆形，革质，先端锐尖，基部宽楔形或圆形，偏斜。花3～8朵簇生于小枝端；花瓣带状线形，白色或淡黄色。蒴果褐色，近卵形。花期4～5月，果熟期7～8月。

主要习性：耐半阴。喜温暖湿润气候。对土壤要求不严，适应性较强。

景观应用：枝条纤细，叶小密集，春叶呈嫩黄、浅绿、淡红等色，花繁显著，如雪覆盖，是优良的绿化先锋树种，亦可作花境、绿篱、盆景和林相改造树种。耐干旱瘠薄，可在土层薄或土壤石砾含量高等立地条件差的特殊区域作林相提升改树种。

经济价值：根、叶、花、果均可药用。木材坚实耐用。

43 钟花樱桃

学名：*Cerasus campanulata*
别名：福建山樱花
科属：蔷薇科樱属

形态特征：落叶灌木或小乔木，高3～8m。嫩枝绿色，无毛。叶片薄革质，卵形、卵状椭圆形或倒卵状椭圆形，边有急尖锯齿，侧脉8～12对；叶柄顶端常有腺体2枚。伞形花序，具花2～4朵，先于叶开放；花瓣粉红色，顶端下凹。核果卵球形，成熟红色。花期2～3月，果期4～5月。

主要习性：喜光，亦耐半阴。喜温暖湿润气候，耐寒，不耐旱。适生于疏松肥沃的微酸性土壤。根系浅，萌蘖性较差，稍耐修剪。生长速度中等。

景观应用：树冠开展，早春开花，花开满树，花色艳丽，适作园景树、行道树，也可作山地林相改造树种。

经济价值：果实味酸甜，可食。

相似种

华中樱桃（*Cerasus conradinae*）：叶边重锯齿，两面无毛；花3～5朵，花瓣白色；果红色，核光滑，果柄顶端不膨大。

44 迎春樱桃

学名：*Cerasus discoidea*
别名：迎春樱
科属：蔷薇科樱属

形态特征：小乔木，高2～5m。树皮灰白色。叶片倒卵状长圆形或长椭圆形，先端具尾尖，基部楔形，边有缺刻状锯齿，齿端和托叶边缘有小盘状腺体。花先于叶开放，伞形花序，有花2～3朵；苞片近圆形，边缘亦有小盘状腺体；花瓣粉红色，先端2裂。核果成熟红色。花期3月，果期5月。

主要习性：喜光，稍耐阴。耐寒。适应性强，对土壤要求不严。

景观应用：早春先花后叶，花繁色美，可布置于公园、景区、山地等处片植或孤植观赏，也可作山地林相改造树种。

经济价值：果实味酸甜，可食。

浙闽樱桃

学名：*Cerasus schneideriana*
别名：野樱花
科属：蔷薇科樱属

形态特征：落叶小乔木，高达6m。小枝紫褐色，嫩枝、叶背、叶柄密被微硬毛。叶片长椭圆形或倒卵状长圆形，长4～8cm，先端渐尖或骤尾尖，边缘有重锯齿，齿端有头状腺体。伞形花序，通常具花2朵，花瓣白色至粉红色；萼片反折。核果成熟紫红色。花期3月，果期5月。

主要习性：喜光，耐半阴。喜温暖湿润气候及深厚肥沃的酸性土壤。萌糵性较强。

景观应用：树姿开散，早春繁花满树，且嫩叶红褐色，为优良春季观赏植物，适宜在公园、景区等地作景观树和山地林相改造树种。

经济价值：果实味酸甜，可食。

湖北海棠

学名：*Malus hupehensis*
别名：野花红、花红茶
科属：蔷薇科苹果属

形态特征：落叶乔木，高达8m。老枝紫色至紫褐色。叶在芽中席卷状。叶互生，卵形至卵状椭圆形，先端渐尖，基部宽楔形，边缘有细锐锯齿。伞房花序具花4～6朵；花瓣倒卵形，粉白色至紫红色。果实椭圆形或近球形，黄绿色稍带红晕，萼片脱落。花期4～5月，果期8～9月。

主要习性：喜光。对气候和土壤适应性强，耐寒。萌蘖性强。

景观应用：春季花朵满树，秋季果实累累，甚为美丽，适宜在公园、景区、庭院等处作观赏树种，也可作山区林相改造树种和水土保持树种。

经济价值：常为苹果砧木，嫁接成活率高。嫩叶晒干作茶叶代用品。

石楠

学名：*Photinia serratifolia*［*Photinia serrulata*］
科属：蔷薇科石楠属

形态特征：常绿灌木或小乔木，高4～6m。小枝粗壮，无毛。叶片革质，长椭圆形至倒卵状长椭圆形，长8～20cm，先端尖，基部圆形或广楔形，边缘有细锯齿，幼叶带红色。复伞房花序顶生，直径10～16cm；花白色。果球形，成熟红色。花期4～5月，果熟期10～12月。

主要习性：喜光，稍耐阴。喜温暖湿润气候，较耐寒。对土壤要求不严，不耐水湿。抗风性、耐火性较强。

景观应用：树冠饱满，枝叶浓密，早春嫩叶鲜红，大型花序白色，秋冬果实红艳，经冬不凋，可作公园、景区、山地等处绿化观赏树种和水土保持树种。耐干旱瘠薄，可在土层薄或土壤石砾含量高等立地条件差的特殊区域作林相提升改树种。

经济价值：种子可用于榨油供制肥皂等。叶和根供药用。

48 火棘

学名：*Pyracantha fortuneana*
别名：火把果
科属：蔷薇科火棘属

形态特征： 常绿灌木，高约3m。枝拱形下垂，侧枝短，常成刺状。叶倒卵形至倒卵状长椭圆形，长1.5～6cm，先端圆钝微凹，叶缘有圆钝锯齿，齿尖内弯。花白色，直径约1cm，成复伞房花序。果近球形，红色，直径约5mm。花期5月，果熟期9～11月。

主要习性： 喜光；喜温暖湿润气候，亦耐寒；对土壤适应性强，耐干旱贫瘠；生长迅速，耐修剪。

景观应用： 枝叶茂盛，初夏白花满枝，入秋果红如火，且留存枝头甚久，是公园、坡地、林缘绿化的好材料。植株亦可用于制作盆景观赏。耐干旱瘠薄，可在土层薄或土壤石砾含量高等立地条件差的特殊区域作林相提升改树种。

经济价值： 果实磨粉可作代食品。

49 豆梨

学名：*Pyrus calleryana*
科属：蔷薇科梨属

形态特征：落叶乔木，高5～8m。有枝刺。叶片宽卵形至卵形，先端渐尖，基部圆形至宽楔形，边缘有钝锯齿或全缘，两面无毛；叶柄常2～4cm。伞形总状花序；花瓣卵形，基部具短爪，白色。梨果球形，直径约1cm，棕褐色，有斑点，萼片脱落。花期4月，果期9～11月。

主要习性：喜光。喜温暖湿润环境。适应性强，耐干旱贫瘠。

景观应用：树形宽大，春季白花满树，秋果密集可爱，可作景观树点缀于庭园、公园、景区等处观赏，也可作山地林相改造树种。

经济价值：木材致密，可作器具用材。通常用作沙梨砧木。

50 黄山花楸

学名：*Sorbus amabilis*
科属：蔷薇科花楸属

形态特征：落叶乔木，高达10m。小枝粗壮，具皮孔。奇数羽状复叶，长13～18cm；小叶4～6对，长圆形或长圆状披针形，长4～6.5cm，边缘近基部以上有粗锐锯齿。复伞房花序顶生；花瓣白色。果实球形，红色，顶端宿存萼片。花期5月，果期9～10月。

主要习性：喜光。喜温暖湿润气候，耐寒。对土壤适应性强，耐旱，喜生于酸性黄棕壤。

景观应用：树姿优美，枝叶婆娑，白花满树，果实艳丽，秋叶变红，是优良的景观树种，适宜在公园、景区、山地等处种植观赏。

经济价值：皮可供提取栲胶，也可用于造纸。材质坚硬，木材供建筑、家具等用。

51 棕脉花楸

学名：*Sorbus dunnii*
科属：蔷薇科花楸属

形态特征：落叶小乔木，高2～7m。老枝褐色或褐灰色，具皮孔。叶片薄革质，椭圆形或长圆形，边缘有不规则的锯齿，上面无毛，下面密被黄白色绒毛，中脉和侧脉上密被棕褐色绒毛。复伞房花序顶生；花白色。果实圆球形，成熟红色，直径5～8mm。花期5月，果期8～9月。

主要习性：喜光，耐半阴。喜温凉气候。喜生于湿润肥沃土壤，但亦耐干旱贫瘠；萌蘖性强，生长速度中等。

景观应用：树冠开展，叶背雪白如霜，花开洁白，秋叶、秋果红艳，是优良的园林观赏树种，亦可植于中低海拔山地林缘、林内以增添色彩。

经济价值：树皮、果实可入药。

52 山合欢

学名：*Albizia kalkora*
别名：山槐
科属：豆科合欢属

形态特征：落叶乔木，高3～8m。树冠伞形。树皮密生皮孔。二回羽状复叶，羽片2～4对；小叶5～14对，镰形或斜长圆形，长1.5～4.5cm，两面有短柔毛。头状花序2～5个生于叶腋或在枝顶排成伞房状；花白色或稍带粉色。荚果深棕色。花期6～7月，果期8～10月。

主要习性：喜光。适应性强。喜肥沃湿润土壤，耐干旱瘠薄。生长快。对有害气体抗性强。

景观应用：树冠宽大，枝叶扶疏，盛夏开花，轻盈美丽且花期长，是优良的观花、观形树种，可在城市作行道树或景观树，亦可在山地沟谷、边坡、林缘等地种植观赏。

经济价值：树皮纤维可作纸原料。花、根及茎皮可入药。

相似种

合欢（*Albizia julibrissin*）：小叶10～30对，长0.6～1.2cm，线形至长圆形，中脉紧靠小叶上缘；花粉红色。

黄山紫荆

学名：*Cercis chingii*
别名：浙皖紫荆
科属：豆科紫荆属

形态特征：丛生落叶灌木，高2～4m。主干和分枝常呈披散状。叶近革质，卵圆形或肾形，先端急尖或圆钝，基部心形或截平；叶柄长1.5～3cm，两端微膨大。花常先于叶开放，数朵簇生于老枝上，多为紫红色。荚果厚革质，坚硬，内有种子3～6粒。花期3～4月，果期9～10月。

主要习性：喜光。稍耐寒。对土壤适应性强，忌水湿。萌蘖性强。具有一定的抗污滞尘能力。

景观应用：早春开花，先花后叶，鲜艳夺目，秋叶转黄，是优良的花灌木，宜在庭院、公园、厂区等作花灌木栽植，亦可片植于荒山、丘陵、坡地等处作先锋景观树种应用。耐干旱瘠薄，可在土层薄或土壤石砾含量高等立地条件差的特殊区域作林相提升改树种

54 肥皂荚

学名：*Gymnocladus chinensis*
别名：肥皂树
科属：豆科肥皂荚属

形态特征：落叶乔木，高15m以上。树皮灰褐色，具明显的白色皮孔。二回偶数羽状复叶长20～25cm；叶轴具槽；小叶互生，8～12对，长2.5～5cm，两面被绢质柔毛。总状花序顶生；花小，杂性，白色或紫色。荚果长圆形，长7～10cm，扁平或膨胀，顶端有短喙。种子近球形，黑色。花期4～5月，果期8～10月。

主要习性：喜光。喜温暖湿润气候，耐寒。适应性强，在土质肥沃疏松、排水良好的土壤上生长迅速，不耐涝。

景观应用：树体高大，树冠宽广，秋叶变黄，是优良的观型观叶树种，可点缀作山区林相改造树种，亦可在四旁、景区、公园等处孤植作上层景观树种。

经济价值：果可代替肥皂作洗涤用，亦可入药，治疮癣、肿毒等症。种子榨油可作油漆等用。

楝叶吴萸

学名：*Evodia fargesii*
别名：臭辣树、臭吴萸、楝叶吴萸
科属：芸香科吴茱萸属

形态特征：落叶乔木，高达20m。嫩枝紫褐色，散生小皮孔。奇数羽状复叶对生；小叶5～11片，椭圆状卵形至披针形，基部常偏斜，叶缘波纹状或有细钝齿，叶背灰绿色。聚伞花序顶生；花小，白色或淡绿色。蓇葖果4～5枚，成熟时紫红色。花期6～8月，果期8～10月。

主要习性：喜光。喜温暖湿润气候，耐寒。对土壤要求不严。萌蘖性中等，稍耐修剪。

景观应用：枝叶繁茂，春叶紫红色，秋季转鲜红，十分醒目，是浙西南山区常见的色叶树种，可作中低海拔山地林相改造树种，亦可作城市园林景观树种。

经济价值：果实可入药。

56 臭椿

学名：*Ailanthus altissima*
别名：樗
科属：苦木科臭椿属

形态特征：落叶乔木，高达20m。树皮灰白色或暗灰色。叶为奇数羽状复叶；小叶13～27枚，对生，卵状披针形，先端长渐尖，基部偏斜，具1～2对粗大腺齿。圆锥花序顶生，10～30cm，花小。翅果长椭圆形；种子位于翅的中间，扁圆形。花期5～6月，果期8～10月。

主要习性：喜光。适应性强，除黏土外，各类土壤均能生长。耐旱，耐寒，不耐积水。生长迅速，萌芽力强。根系深。具较强的抗烟尘能力。

景观应用：树干通直，树冠宽广，新梢常红褐色，夏季翅果红色，颇为美观，可在荒坡、四旁、道路等处作绿化或观赏树种。

经济价值：木材黄白色，可供制作农具车辆等。叶可用来饲椿蚕（天蚕）。树皮、根皮、果实均可入药。

57 楝

学名：*Melia azedarach*
别名：苦楝
科属：楝科楝属

形态特征：落叶乔木，高15～20m。树皮暗褐色，浅纵裂。小枝皮孔多而明显。奇数羽状复叶二至三回；小叶卵形至卵状长椭圆形，长3～8cm。圆锥状复聚伞花序；花淡紫色，有香味。核果近球形，熟时黄色，宿存树枝，经冬不落。花期4～5月；果熟期10～11月。

主要习性：喜光，不耐庇荫。喜温暖湿润气候，耐寒性不强。对土壤要求不严，耐干旱瘠薄。萌芽力强。生长快。

景观应用：树冠宽广，树姿优美，叶形秀丽，夏开紫花，冬存黄果，是重要绿化及速生用材树种，可在荒坡、四旁、滩地等处栽植作先锋景观树种或用材林。

经济价值：木材可供家具、建筑、乐器等用。树皮、叶和果实均可入药。种子可用来榨油，供制油漆、润滑油等。

58 重阳木

学名：*Bischofia polycarpa*
科属：大戟科重阳木属

形态特征：落叶乔木，高达15m。树皮褐色，细纵裂。三出复叶；小叶卵形至椭圆状卵形，长5～11cm，先端突尖或突渐尖，基部圆形或近心形，缘有细钝齿，两面光滑无毛。总状花序腋生；花小，绿色。浆果球形，直径5～7mm，熟时红褐色。花期4～5月，果熟期9～11月。

主要习性：喜光，稍耐阴。喜温暖气候，耐寒力弱。对土壤要求不严，能耐水湿。对二氧化硫有一定抗性。根系发达，抗风力强，生长较快。

景观应用：树体高大，枝叶茂密，早春嫩叶鲜绿光亮，入秋叶色转黄，宜作庭荫树及行道树，也可在林缘、边坡、堤岸栽植作绿化树种。

经济价值：木材可作建筑、车辆、家具等用材。

锈叶野桐

学名：*Mallotus lianus*
别名：东南野桐
科属：大戟科野桐属

形态特征：落叶灌木或小乔木，高达12m。枝、叶柄和花序轴均密被红褐色星状毛。叶互生，常宽卵形或三角状卵形，基部圆形至心形，下面密被红褐色星状毛；叶柄盾状着生。总状花序或圆锥花序，雌雄异株。蒴果近球形，密被有星状毛的软刺和黄色腺点。花期7～9月，果期10～11月。

主要习性：喜光。适应性强，耐干旱瘠薄。萌蘖性强，生长迅速。

景观应用：树冠圆整，新叶红色，老叶两面叶色迥异，风吹叶动时色彩差异十分明显，适宜在中低海拔山地片植作林相改造树种，也可植于公园作观赏树种。

经济价值：种子含油量高，可作工业原料。木材质地轻软，可作小器具用材。

相似种

野桐（*Mallotus japonicus* var. *floccosus*）：叶片纸质，叶背被褐色毛及黄色腺点；雌花花序总状。

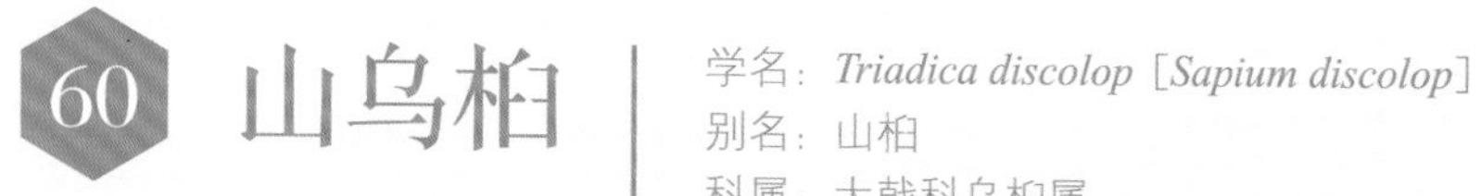

60 山乌柏

学名：*Triadica discolop*［*Sapium discolop*］
别名：山柏
科属：大戟科乌柏属

形态特征：落叶乔大，高达14m。小枝灰褐色，有皮孔。单叶互生，叶片椭圆形或长卵形。叶柄纤细，顶端有2枚腺体。雌雄同株，顶生总状花序；雌花生于花序轴下部；雄花生于上部。蒴果黑色，球形，直径1～1.5cm。种子近球形，外被白色蜡质假种皮。花期5～6月，果期9～11月。

主要习性：喜光。喜温暖湿润的气候。对土壤要求不严，适生于疏松肥沃的土壤。稍耐旱，不耐寒。深根性，抗风。萌蘖性较强。生长较快。

景观应用：树冠宽广，春叶及秋叶均为红色，尤其是秋叶鲜红色，十分醒目，是优良彩色叶树种，宜作中低海拔山地林相改造树种，亦可开发作园林景观树种。

经济价值：木材可供制火柴杆和茶箱。种子可用来榨油，种子油可供制肥皂。

61 乌桕

学名：*Triadica sebiferum*［*Sapium sebiferum*］
别名：桕子树
科属：大戟科乌桕属

形态特征：落叶乔木，高达15m。树皮纵裂。各部无毛而具乳汁。叶互生，叶片常菱形，先端突尖或渐尖，全缘；叶柄顶端具2枚腺体。花单性，雌雄同株，聚集成顶生总状花序。蒴果梨状球形，成熟时黑色；种子扁球形，外被白色蜡质的假种皮。花期6~7月，果期9~11月。

主要习性：喜光。喜温暖湿润气候。适应性强，不择土壤，耐水湿，亦耐干旱。萌蘖性较强。生长速度中等。

景观应用：树形古朴，叶形秀丽，秋叶变色，色彩丰富，色叶期长，是重要的秋赏树种，宜于林地、荒坡、四旁等处片植、丛植或孤植观赏，亦可于道路两旁列植作行道树。

经济价值：木材坚硬，纹理细致，用途广。种子白色蜡质层溶解后可供制肥皂、蜡烛；种子可供榨油。

62 油桐

学名：*Vernicia fordii*
别名：桐油树、桐子树
科属：大戟科油桐属

形态特征：落叶乔木，高达10m。叶卵圆形，顶端短尖，基部截平至浅心形，常全缘，掌状脉5(~7)条；叶柄顶端有2枚扁平无柄腺体。雌雄同株，花先于叶或与叶同时开放；圆锥状聚伞花序，花瓣白色，有淡红色脉纹，倒卵形。核果近球状，果皮光滑。花期3~4月，果期8~9月。

主要习性：喜光。喜温暖湿润气候，忌严寒。在富含腐殖质、土层深厚、排水良好中性至微酸性砂质壤土中生长最好。萌蘖性稍差，生长较快。

景观应用：树冠圆整，早春白花满树，秋果硕大，生长迅速，可作荒坡、林缘、沟谷等处景观改造的先锋树种，亦可作园林景观树种。

经济价值：种子可供榨油，作工业油料。

63 木油桐

学名：*Vernicia montana*
别名：千年桐、皱果桐
科属：大戟科油桐属

形态特征：落叶乔木，高达20m。树皮褐色。大枝近轮生。叶阔卵形，全缘或2～5裂。叶柄顶端有2枚具柄的杯状腺体。雌雄异株或有时同株异序；圆锥状聚伞花序顶生，花瓣白色或基部紫红色且有紫红色脉纹。核果卵圆形，有3条纵棱及网状皱纹。花期4～5月，果期8～10月。

主要习性：强喜光树种。喜温暖湿润气候。抗病性强。生长快。

景观应用：树冠宽广，叶大浓荫，花色洁白且花量大，秋叶金黄色，是优良观形、观花和色叶树种，也是贫瘠山坡、荒地、林缘等处造林绿化的先锋景观树种。

经济价值：果实可供榨油，为重要的工业油料植物。果皮可供制活性炭或提取碳酸钾。

南酸枣

学名：*Choerospondias axillaris*
别名：五眼果
科属：漆树科南酸枣属

形态特征：落叶乔木，高8～20m。树皮片状剥落。小枝暗紫褐色，具皮孔。奇数羽状复叶互生，有小叶3～6（～9）对；小叶卵形或卵状披针形，长4～12cm，先端长渐尖，基部多少偏斜。花小，杂性异株。核果椭圆形或倒卵状椭圆形，成熟时黄色，顶端具5个小孔。花期4～5月，果期9～11月。

主要习性：喜光，略耐阴。喜温暖湿润气候。不耐寒，不耐涝。适于深厚肥沃而排水良好的酸性或中性土壤。浅根性，萌芽力强，耐修剪。生长迅速。

景观应用：树体高大，枝繁叶茂，生长迅速，适应性强，是优良的景观树种，适合在风景区、公园及山地等处作绿化造林或园林观赏树种。

经济价值：树皮和叶可供提栲胶。果可生食或酿酒。果核可作活性炭原料。树皮和果入药。

65 黄连木

学名：*Pistacia chinensis*
别名：黄连茶、楷木
科属：漆树科黄连木属

形态特征：落叶乔木，高达20m。树皮呈鳞片状剥落。枝叶揉碎具有浓烈气味。奇数羽状复叶互生；叶片纸质，披针形或卵状披针形，先端渐尖或长渐尖，基部偏斜，全缘。圆锥花序腋生，单性异株；花小。核果近球形，成熟时紫红色。花期4月，果期10月。

主要习性：喜光。适应性极强，耐干旱贫瘠，能耐轻盐土。对土壤要求不严。对二氧化硫和烟尘的抗性较强。深根性，抗风力强。生长较慢，寿命长。

景观应用：树体高大，枝繁叶茂，春秋两季叶色变化明显，尤其是秋叶呈金黄色，为优良色叶树种，是公园、庭院及荒山绿化和彩化的理想树种。

经济价值：木材鲜黄色，可供提黄色染料；材质坚硬致密，可作家具和细工用材。种子可用来榨油，供制润滑油或肥皂。幼叶可作蔬菜，也可供制茶。

66 盐肤木

学名：*Rhus chinensis*
别名：五倍子树、盐树根
科属：漆树科盐肤木属

形态特征：落叶灌木或小乔木，高2～10m。小枝、叶柄、花序均密被锈色柔毛。奇数羽状复叶，叶轴具宽的叶状翅；小叶多形，卵形至卵状长圆形，边缘具粗锯齿。圆锥花序宽大，多分枝；花小，白色。核果球形，成熟时红色，常被白色盐状物。花期8～9月，果期10月。

主要习性：喜光。适应性极强。对土壤要求不严，耐干旱瘠薄。萌蘖能力强，耐修剪。生长快。

景观应用：植株适应性强，秋叶鲜红色或黄色，果实成熟呈橘红色，颇为美观，适于在光照充足的边坡、荒地、林缘等处美化或点缀。

经济价值：幼枝和叶上形成虫瘿，为著名中药“五倍子”。幼枝和叶可作土农药。种子可供榨油。根、叶、花及果均可供药用。

相似种

滨盐肤木（*Rhus chinensis* var. *roxburghii*）：叶轴无翅；秋叶橙红色，变色期长。丽水公路边坡周围有零星栽培。

野漆

学名：*Toxicodendron succedaneum*
别名：野漆树、山漆树
科属：漆树科漆属

形态特征：落叶灌木或乔木，高达10m。奇数羽状复叶常集生于枝顶，无毛；小叶近对生，薄革质，长圆状椭圆形至卵状披针形，先端渐尖或长渐尖，基部偏斜，全缘。雌雄异株。圆锥花序腋生，多分枝；花小，黄绿色。核果球形，压扁，果核坚硬。花期5~6月，果期8~10月。

主要习性：喜光，不耐庇荫。对气候、土壤要求不严，耐干旱，忌水湿，不耐干风和严寒。萌蘖力较强。生长较快。

景观应用：株型紧凑，枝叶浓密，入秋叶片转鲜红色，十分醒目，宜在中低海拔山地作森林植被彩化树种。本种易引起部分人群发生过敏，故不宜在人群易接触场所使用。

经济价值：根、叶及果入药。树皮可供提栲胶。种子油可供制皂或掺合干性油作油漆。

相似种

木蜡树（*Toxicodendron sylvestre*）：枝、叶、花序被毛；小叶片纸质，近无柄。

68 冬青

学名：*Ilex chinensis*
别名：红果冬青
科属：冬青科冬青属

形态特征：常绿乔木，高达15m。树皮平滑。叶薄革质，长5～11cm，长椭圆形至披针形，基部楔形或钝，边缘具圆齿，叶柄常为淡紫红色。雌雄异株；聚伞花序着生于当年生嫩枝叶腋；花瓣紫红色或淡紫色。果实深红色，椭圆形，长8～12mm。花期5～6月；果9～10（～11）月成熟。

主要习性：喜光。喜温暖湿润气候，有一定耐寒力。适生于肥沃湿润、排水良好的酸性土壤。对二氧化硫抗性强。萌芽力强，耐修剪。

景观应用：树冠饱满，枝叶浓密，四季常青，秋冬红果满树，是优良的观果树种，适宜在贫瘠山地、荒坡、路旁等处作园景树、行道树或背景树。

经济价值：木材作细工原料，用于制玩具等。树皮、根、叶及种子可供药用。

小果冬青

学名：*Ilex micrococca*
科属：冬青科冬青属

形态特征：落叶乔木，高达20m。小枝有白色气孔。叶片纸质，卵形或卵状长圆形，先端长渐尖，基部圆形或阔楔形，常不对称，近全缘或具芒状锯齿，叶面深绿色。聚伞花序单生于当年生枝叶腋。核果球形，成熟时红色，宿存花萼平展。花期4～5月，果期9～10月。

主要习性：喜光。喜温暖湿润气候。适生于疏松肥沃土壤。速生。

景观应用：树冠浑圆，枝繁叶茂，果实成熟红艳醒目，挂果期长，可在荒坡、山地、公园、景区及道路等处作秋冬季观果树种。

经济价值：树皮药用，有止痛功效。

70 白杜

学名：*Euonymus maackii*
别名：丝棉木
科属：卫矛科卫矛属

形态特征：落叶小乔木，高6～8m。小枝绿色，细长，无毛。叶对生，纸质，卵形至卵状椭圆形，长5～10cm，边缘具细锯齿；叶柄细长。聚伞花序具花3～7朵；花淡绿色，直径约7mm。蒴果粉红色，4浅裂。种子具橘红色假种皮。花期5月，果熟期10月。

主要习性：喜光，稍耐阴。耐寒。对土壤要求不严，耐干旱，也耐水湿。萌蘖性强。

景观应用：树形披散，枝叶秀丽，秋冬红果累累，挂果期长，颇为美观，宜植于风景区、公园、庭院等处作绿化观赏树种。

经济价值：种子可用来榨油，供工业用。木材白色，细致，可供雕刻等细木工用。

71 野鸦椿

学名：*Euscaphis japonica*
别名：鸟眼睛、鸡肫皮
科属：省沽油科野鸦椿属

形态特征：落叶灌木或小乔木，高3~6m。枝叶揉碎后有恶臭气味。叶对生，奇数羽状复叶；叶片厚纸质，长卵形或椭圆形，边缘具疏短锯齿，齿尖有腺休。圆锥花序顶生，花小且多，黄白色。蓇葖果，果皮紫红色；种子近圆形，黑色，有光泽。花期5~6月，果期8~9月。

主要习性：稍喜光。喜温暖、阴湿环境，忌水涝。对土壤要求不严，耐干旱瘠薄。抗风性强。

景观应用：枝叶疏散，果实红艳，挂果期长，是优良的观果树种，适宜在荒山、坡地、景区等处种植作景观树种。

经济价值：木材可为器具用材。种子可用来榨油，供制肥皂。树皮供提栲胶。根及干果入药。

72 三角槭

学名：*Acer buergerianum*
别名：三角枫
科属：槭树科槭属

形态特征：落叶乔木，高达15m。树皮粗糙，片状脱落。叶纸质，基部近于圆形或楔形，卵状椭圆形或倒卵形，通常浅3裂，裂片边缘通常全缘，下面黄绿色或淡绿色，被白粉。伞房花序顶生；花淡黄色，杂性同株。翅果成熟时黄褐色，两翅展开成锐角。花期4月，果期10月。

主要习性：喜光。适应性强，对土壤要求不严，耐干旱，稍耐水湿。萌芽力强。

景观应用：树干苍劲，树姿优美，秋叶红黄兼有，转色效果明显，是优良的秋色叶树种，适于道路、公园或山地列植、丛植或片林作观赏树，亦可用于制作树桩盆景。

长柄紫果槭

学名：*Acer cordatum* var. *subtrinervi*
科属：槭树科槭属

形态特征：落叶灌木或小乔木，高达7m。小枝无毛。叶片近革质，长椭圆形，基部生出的一对脉常较短；叶柄较长，通常长1.5～3cm。伞房花序顶生，具花30～40朵；花瓣淡黄白色。翅果嫩时紫红色，长2.5～3.5cm，小坚果凸起，无毛；两翅张开成钝角或近于水平。花期3～4月，果期9～10月。

主要习性：喜半阴。喜温暖湿润气候。适于深厚肥沃的土壤。稍耐干旱。萌芽力较强。

景观应用：枝叶清秀，春季幼果紫红色，观果期达2个月之久，秋叶呈红色、黄色等，十分醒目，十分适宜于山地点缀作林相改造树种，亦可开发于公园、景区、庭院等处种植。

74 青榨槭

学名：*Acer davidii*
科属：槭树科槭属

形态特征：落叶乔木，高10～15m。树皮常纵裂成蛇皮状。大枝绿色。叶纸质，长圆形，先端锐尖或渐尖，常有尖尾，基部心形或圆形，边缘具不整齐的钝圆齿。总状花序顶生，下垂；花黄绿色。翅果长2.5～3cm，展开成钝角或几成水平。花期4月，果期10月。

主要习性：喜光，幼树稍耐阴。对气候、土壤适应性较强。萌芽力强。生长迅速。

景观应用：树冠宽广，春叶黄绿色，秋叶红色或橙黄色，翅果挂果期可长达5个月，可在山地、沟旁、道路等处种植作景观树。

经济价值：树皮纤维较长且含单宁，可作工业原料。

75 秀丽槭

学名：*Acer elegantulum*
别名：青枫
科属：槭树科槭属

形态特征：落叶乔木，高9～15m。老枝暗红色。单叶对生；叶片纸质，掌状5裂，基部深心形或近心形，边缘具紧贴的细圆齿，除脉腋被黄色丛毛外其余部分无毛。花序圆锥状，杂性同株；花小，绿色。翅果嫩时紫红色，两翅张开近水平。花期4月，果熟期10月。

主要习性：喜光，稍耐阴。适应性强，对土壤要求不严，不耐干旱和水涝。耐寒。萌芽力强。

景观应用：树姿潇洒，枝叶秀美，翅果幼期红色，秋叶色彩变化明显，十分引人注目，适作行道树、景观树、庭园树，亦可在风景区片植营造彩化效果。

经济价值：植株常作槭属景观树种嫁接砧木。

相似种

毛脉槭（*Acer pubinerve*）：叶片下面具淡黄色柔毛；小坚果成熟具细毛。

76 苦茶槭

学名：*Acer tataricum* subsp. *theiferum*
别名：苦茶枫
科属：槭树科槭属

形态特征：落叶灌木或小乔木，高达6m。当年生枝绿色，无毛。叶片薄纸质，卵形至长椭圆形，长5～10cm，基部圆形或近心形，不分裂或3～5浅裂，边缘具不规则的重锯齿。伞房花序顶生，花杂性同株。翅果长2.5～3.5cm，两翅张开近于直立或成锐角；小坚果稍呈压扁状。花期5月，果期9～10月。

主要习性：喜光，亦耐半阴。喜温暖湿润气候。对土壤适应性强，耐干旱贫瘠。根系发达，萌芽力强。

景观应用：枝叶清秀，嫩果红色，秋叶色彩斑斓，为优良的秋色叶树种，适宜作为景区、公园等处绿化美化树种，亦可于荒山造林作林相改造树种。

经济价值：嫩叶烘干可代茶叶。种子用来榨油，可供制作肥皂。

复羽叶栾树

学名：*Koelreuteria bipinnata*
别名：黄山栾树、全缘叶栾树
科属：无患子科栾树属

形态特征：落叶乔木，高达20m。树皮薄片状剥落。二回羽状复叶互生，纸质或近革质，斜卵形，边缘全缘或具小锯齿。花黄色，成顶生圆锥花序。蒴果泡囊状，蒴果似灯笼，长约5cm，具3棱，果实发育由白色转红色至浅红色，成熟后呈褐色。种子黑色。花期8～9月，果期9～10月。

生态习性：喜光，幼树耐半阴。耐寒性较差。对土壤要求不严，在酸性、微酸性至中性土壤上均能生长。生长迅速。

景观应用：树冠宽大，枝叶浓密，花开黄金，果似铃铛，挂满枝头，秋叶转黄，是集观叶、花、果于一身的树种，可栽于道路、公园、庭园等处，也可用于低山丘陵、厂区及四旁绿化。

经济价值：木材可作家具用材。根、花可供药用。种子可用来榨油，供工业用。

78 无患子

学名：*Sapindus saponaria*
别名：皮皂子、肥皂树
科属：无患子科无患子属

形态特征：落叶乔木，高达20m。树皮灰黄色。小枝具黄褐色皮孔。一回偶数羽状复叶互生；小叶8～14枚，卵状披针形或卵状长椭圆形，薄革质。圆锥花序顶生，花小，黄白色。核果近球形，熟时呈黄色或橙黄色。种子球形，黑色，坚硬。花期5～6月，果期10～11月。

生态习性：喜光，稍耐阴。喜深厚肥沃的酸性或中性土壤。较耐寒，稍耐旱，不耐涝。生长速度中等。

景观应用：冠形整齐，枝叶繁茂，秋叶金黄，变色期统一，十分醒目，是城市园林重要的秋赏叶树种，亦可植于山地作林相改造树种。

经济价值：木材可做箱板和木梳等用。根和果入药，有小毒。果皮含有皂素，可代肥皂。种子可供榨油。

中华杜英

学名：*Elaeocarpus chinensis*
别名：华杜英
科属：杜英科杜英属

形态特征：常绿乔木，高达7m。叶薄革质，卵状披针形或披针形，正面绿色有光泽，背面具细小黑腺点，边缘有波状小钝齿；叶柄纤细，长1.5～2cm。总状花序生于上年枝条上；花杂性，绿白色，下垂。核果椭圆形，长0.8～1cm，成熟时呈蓝黑色。花期5～6月，果期9～10月。

生态习性：喜光，稍耐阴。喜温暖湿润气候。喜深厚肥沃土壤，耐干旱。生长速度中等。

景观应用：树干通直，枝叶繁茂，层次分明，四季挂有红叶，为优良的观形、观叶树种，可植于公园、庭院、四旁等处作景观树，亦可于山地造林作林相改造树种。

经济价值：木材坚硬，可作用材，亦可用于培养木耳。树皮含鞣酸，可供提制栲胶。

80 猴欢喜

学名：*Sloanea sinensis*
科属：杜英科猴欢喜属

形态特征：常绿乔木，高达10m。叶薄革质，常狭倒卵形，全缘或上半部具疏锯齿；叶柄近顶端膨大。花数朵簇生于枝顶叶腋，绿白色，下垂。蒴果卵球形，直径3～5cm，密被长刺毛，成熟后4～6瓣开裂，裂片内面紫色。种子具橙黄色假种皮。花期6～7月，果熟期次年9～11月。

生态习性：喜光，稍耐阴，不耐寒。喜温暖湿润气候。适生于疏松肥沃的酸性土壤。生长速度中等。

景观应用：树冠宽广，树姿端正，秋果红艳醒目，挂满枝头，为优良的秋季观果树种，可植于公园、景区、山地等处作景观树。

经济价值：木材可作板料、器具等用材。树皮、果壳可供提制栲胶。

81 梧桐

学名：*Firmiana simplex*
别名：青桐
科属：梧桐科梧桐属

形态特征：落叶乔木，高达16m。树皮青绿色，平滑。叶心形，掌状3～5裂，顶端渐尖，基部心形，基生脉7条；叶柄长7～30cm。圆锥花序顶生，长约20～50cm；花淡黄绿色；雌雄同株。蓇葖果膜质，成熟前开裂成叶状。种子圆球形，表面有皱纹。花期6月，果期10～11月。

生态习性：喜光树种。对土壤要求不严，较耐旱，不耐瘠薄和水湿。深根性，萌芽力弱。生长迅速。

景观应用：树干通直，青绿色，冠形如伞，独树一帜，秋叶黄色，落叶后青杆清晰可见，可作园林景观树和行道树，亦可于荒山、坡地造林作先锋景观树种。

经济价值：木材轻软，为制木匣和乐器的良材。种子炒熟可食或供榨油。茎、叶、花、果和种子均可药用。树皮的纤维洁白，可用于造纸和编绳等。

82 木荷

学名：*Schima superba*
别名：荷树
科属：山茶科木荷属

形态特征：常绿乔木，高达25m。叶革质或薄革质，椭圆形，先端尖锐，基部楔形，正面有光泽，边缘有钝齿；叶柄长1～2cm。花常多朵排成总状花序，生于枝顶叶腋，花瓣白色，长1～1.5cm。蒴果扁球形，直径1.5～2cm，熟时5瓣裂。花期6～7月，果期10～11月。

生态习性：喜光，不耐寒。适应性强，耐干旱贫瘠，忌水湿。深根性，萌芽力、耐火性极强。

景观应用：树体雄伟，枝叶密集，新叶红黄兼有，夏季白花满树，是赏叶观花的优良树种，常山地片植造林作景观树、防火树及用材树等，亦可在公园种植观赏。

经济价值：材质坚硬，可作建筑及家具用材。树皮和叶可供提栲胶。树皮、叶、根皮可入药。

83 尖萼紫茎

学名：*Stewartia sinensis* var. *acutisepala*
［*Stewartia acutisepala*］
科属：山茶科紫茎属

形态特征：落叶灌木或乔木，高可达10m。树皮红褐色，外皮膜纸质剥落。芽鳞5～7枚。叶片纸质，卵形至长卵状椭圆形，长5～8cm，边缘具锯齿或浅圆锯齿。花通常单生叶腋，直径约2.5～3.0cm；花瓣白色。蒴果圆锥形，具5棱，每室具2粒种子。花期5～6月，果期9～10月。

生态习性：喜光，幼树稍耐阴。喜温凉气候，耐寒。适生于土质疏松的黄壤。深根性。生长较慢。

景观应用：树干奇特，枝叶秀美，秋叶橙黄，色彩醒目，是优良的观干、观叶树种，可作中高海拔山地林相改造树种，亦可开发作园林景观树种。

84 山桐子

学名：*Idesia polycarpa*
科属：大风子科山桐子属

形态特征：落叶乔木，高达15m。树皮平滑。叶薄革质，卵形或心状卵形，先端渐尖或尾状，基部通常心形，边缘具圆齿；叶背具白粉，脉腋有丛毛；叶柄具数枚腺体。圆锥花序下垂，花黄绿色。浆果球形，成熟红色，直径约1cm。花期5月，果期9～12月。

生态习性：喜光，稍耐阴。喜温暖湿润环境。不耐水涝。生长迅速。

景观应用：树干通直，树冠圆整，秋冬红果累累，鲜艳夺目，挂果期长，可开发作观果树种，于公园、景区、路旁栽植作景观树，亦可在低海拔山地作林相改造树种。

经济价值：木材松软，可作建筑、家具、器具等用材。花多，芳香，可作蜜源植物。果实、种子均含油。

85 紫薇

学名：*Lagerstroemia indica*
别名：痒痒树
科属：千屈菜科紫薇属

形态特征：落叶灌木或小乔木，高可达9m。树皮光滑，灰白色或灰褐色，树干多扭曲。当年生小枝具4棱。叶椭圆形至倒卵状椭圆形，互生或少有对生。顶生圆锥花序，花淡紫色、红色或白色。蒴果近球形，6瓣裂。种子有翅。花期6～9月，果期9～11月。

生态习性：喜光。对土壤气候适应性强，喜生于肥沃湿润的土壤。耐干旱贫瘠。萌蘖性强，耐修剪。寿命长。

景观应用：树姿优美，树皮奇特，花色丰富，花期长，为常见园林观赏植物，可作为庭院、公园、道路、景区、山地等处绿化美化树种，亦可盆栽观赏。

经济价值：木材坚硬、耐腐，可作农具、家具、建筑等用材。

蓝果树

学名：*Nyssa sinensis*
别名：紫树
科属：蓝果树科蓝果树属

形态特征：落叶乔木，高达20m。树皮淡褐色，常薄片状剥落。幼枝皮孔显著。叶纸质或薄革质，互生，椭圆形或长椭圆形，先端短渐尖，基部近圆形。伞形或短总状花序，花单性，雌雄异株。核果椭圆形，熟时蓝黑色。花期4～5月，果期7～10月。

生态习性：喜光。喜温暖湿润气候，耐寒性强。适生于疏松、肥沃的沙质壤土，耐干旱瘠薄。生长较快。

景观应用：树干通直，枝叶茂密，春、秋叶色变化明显，秋叶尤为艳丽，是优良的观叶树种，适合在公园、景区、路旁等处作景观树，亦是中低海拔山地林相改造的优良树种。

经济价值：木材坚硬，供枕木、建筑和家具用。

吴茱萸五加

学名：*Gamblea ciliata* var. *evodiaefo*

别名：树三加

科属：五加科五加属

形态特征：落叶灌木或小乔木，高2～8m。树皮灰白色至灰褐色。小枝具长短枝。三出复叶，在小枝上簇生，长枝上互生；小叶片卵形至长圆状披针形，全缘或具细锯齿，侧生小叶基部偏斜。伞形花序常簇生或排列成总状；花小。果实近球形，成熟时黑色。花期5月，果期9月。

生态习性：喜光，稍耐阴。喜温凉气候。对土壤适应性强，耐干旱贫瘠。萌蘖性弱。

景观应用：树形紧凑，秋叶金黄，变色期统一且鲜艳夺目，为优良秋色叶树种，适合在中低海拔作林相改造景观树种。

经济价值：树皮可入药。

88 灯台树

学名：*Bothrocaryum controversum*
别名：瑞木
科属：山茱萸科灯台树属

形态特征：落叶乔木，高3～15m。树冠伞形。枝条紫红色，后变淡绿色。叶互生，常集生枝梢，卵状椭圆形至广椭圆形，长5～13cm，具弧形侧脉6～9条；叶柄紫红色。伞房状聚伞花序顶生；花小，白色。核果球形，直径6～7mm，熟时由紫红色变紫黑色。花期5月，果期8～9月。

生态习性：喜光，稍耐阴。喜温凉湿润气候，较耐寒。喜肥沃湿润且排水良好土壤。生长较快。

景观应用：树冠层次分明，呈圆锥状，宛若灯台，换叶期色彩变化明显，是优良的景观树种，为中低海拔山地林相改造的优良树种，亦可在园林中种植观赏。

经济价值：木材供建筑、雕刻、文具等用。种子可用来榨油，供制皂及润滑油用。

89 秀丽四照花

学名：*Cornus hongkongensis* subsp. *elega*

别名：山荔枝

科属：山茱萸科四照花属

形态特征：常绿乔木，高3～12m。小枝绿色，微被柔毛。叶片革质，椭圆形至长椭圆形，两面绿色，无毛或疏生“丁”字毛，侧脉3～4对；叶柄长5～10mm。头状花序球形，总苞片4片，花瓣状，白色。果序球形，直径1.5～2cm，熟时红色。花期6～7月，果期10月。

生态习性：喜半阴。喜温暖湿润气候。对土壤要求不严，耐干旱贫瘠。生长较快。

景观应用：树形端正，枝叶常绿，夏季白花满树，秋季红果累累，适宜在公园、庭院、景区等处栽培观赏。

经济价值：果实可食。

四照花

学名：*Cornus kousa* subsp. *chinensis*
别名：山荔枝
科属：山茱萸科四照花属

形态特征：落叶灌木至小乔木，高3～7m。叶对生，薄纸质，卵状椭圆形或卵形，长6～12cm，先端渐尖，有尖尾。头状花序球形，顶生；有4片白色大型花瓣状总苞片，椭圆状卵形；花萼4裂；花小。聚合果球形，成熟后紫红色。花期5～6月，果熟期9～10月。

生态习性：喜光，稍耐阴。喜温凉湿润气候，较耐寒。适生于湿润而排水良好的沙质土壤。

景观应用：树形整齐，夏季白花如雪，秋冬果实红艳，换叶期叶色变化丰富，是优良的景观树，可在庭院、公园、景区等处作园林景观树种，亦可作山区美丽林相改造树种应用。

经济价值：果实味甜可生食或供酿酒。

满山红

学名：*Rhododendron mariesii*
别名：山石榴
科属：杜鹃花科杜鹃花属

形态特征：落叶灌木，高1～2m。叶厚纸质，常3片轮生枝顶，卵圆形，长4～8cm。花通常呈双生枝顶，先花后叶，花冠漏斗形，白色至紫红色，上侧裂片有红紫色斑点；花梗直立，有硬毛；雄蕊10；子房密生棕色长柔毛。蒴果卵状长圆形，被密毛。花期4月，果期8月。

生态习性：喜半阴环境。喜温暖湿润气候，耐寒。对土壤适应性强，耐干旱贫瘠，喜酸性土壤。

景观应用：繁花满树，花色淡雅，为优良花灌木，适作花境、花篱、盆景等材料，亦可作低山丘陵、荒山坡地及林缘林下等处景观树种。

经济价值：根可药用。

白花满山红

92 马银花

学名：*Rhododendron ovatum*
科属：杜鹃花科杜鹃花属

形态特征：常绿灌木，高2～4m。叶集生枝顶；叶革质，卵形或椭圆状卵形，先端急尖或钝，具短尖头，基部常圆形，正面深绿色，有光泽。花数朵聚生枝顶叶腋；花冠淡紫色，宽漏斗形，长约2.5cm，花瓣内面具粉红色斑点；雄蕊5。蒴果阔卵球形。花期4～5月，果期9～10月。

生态习性：喜光，亦耐半阴。喜温暖湿润气候和疏松肥沃的酸性土壤。耐旱，耐贫瘠。萌蘖性强，极耐修剪。

景观应用：枝叶浓密，花繁色艳，适作花灌木或花境材料，可点缀或片植于公园、庭院、路旁半阴处观赏，亦可于林下种植作中下层观花树种。

经济价值：根可药用。

93 杜鹃

学名：*Rhododendron simsii*
别名：映山红
科属：杜鹃花科杜鹃花属

形态特征：落叶灌木，高达3m。分枝多，枝细而直，有亮棕色或褐色扁平糙伏毛。叶纸质，卵状椭圆形或椭圆状披针形，长3～5cm，叶表糙伏毛较稀，叶背则较密。花2～6朵簇生枝端，粉色、鲜红色或深红色，雄蕊10。蒴果密被糙伏毛，卵形。花期4～6月，果期10月。

生态习性：喜光，稍耐阴。对气候适应性强。耐干旱贫瘠，喜酸性土壤。

景观应用：先花后叶，花色鲜红，繁花满树，为著名的观花植物，适宜在山地、公园、景区及丘陵山地等处作春季观花树种。

经济价值：全株供药用。

94 浙江柿

学名：*Diosyros japonica* [*Diospyros glaucifolia*]
别名：粉叶柿、山柿
科属：柿树科柿树属

形态特征：落叶乔木，高15～20m。树皮灰褐色。小枝无毛。叶卵状椭圆形至卵状披针形，长10～15cm，表面无毛，背面灰白色，纸质；叶柄长1.5～2.5cm。花单性，常雌雄异株。果球形或扁球形，直径1.5～2cm，熟时红色，被白霜，宿存萼4浅裂。花期5～6月，果期8～10月。

生态习性：喜光树种。喜温暖，耐寒。对土壤要求不严，耐干旱力较强。根系发达，萌芽力强。生长迅速。

景观应用：树冠广圆如伞，叶色两面迥异，秋果累累且金黄醒目，可植于公园作园景树，亦可作山地植被景观改造树种。

经济价值：材质可作家具、农具及细工用材。果实美味可食。可作柿树砧木。

95 柿

学名：*Diospyros kaki*
科属：柿树科柿树属

形态特征：落叶乔木，高达15m。树皮呈长方形小块状裂纹。叶阔椭圆形或倒卵形，长6～18cm，近革质，背面疏生褐色柔毛。雌雄异株或同株，花冠钟状，黄白色，4裂；雄花3朵排成小聚伞花序；雌花单生叶腋。浆果卵圆形或扁球形，橙黄色或橙红色。花期4～5月；果期8～12月。

生态习性：喜光，稍耐阴。喜温暖湿润气候。适应性强，耐干旱贫瘠。

景观应用：叶大荫浓，秋季红果累累，经冬不凋，是极好的观果树种，适宜庭院、公园、景区等处作景观树种，亦可林中点缀作林相改造。

经济价值：材质可作家具、农具及细工用材。果实美味可食。

相似种

野柿（*Diospyros kaki* var. *silvestris*）：枝、叶柄密被黄褐色柔毛；子房有毛，果实直径1.5～5cm。

96 赤杨叶

学名：*Alniphyllum fortunei*
别名：拟赤杨
科属：安息香科赤杨叶属

形态特征：落叶乔木，高15～20m。树皮具不规则细纵皱纹。叶椭圆形至倒卵状椭圆形，顶端急尖至渐尖，边缘具锯齿，背面密被星状短柔毛。总状或圆锥花序，顶生或腋生；花白色或粉红色。蒴果长椭圆形，直立。种子具膜质翅。花期4～5月，果期10～11月。

生态习性：喜光。适应性较强，耐干旱贫瘠。生长迅速。

景观应用：树干通直，枝叶繁茂，花开满树，新叶呈红色、黄色等，是森林公园、荒山造林及林相改造的重要景观树种。

经济价值：木材易于加工，适于作火柴、雕刻、模型等用材，亦可用于种养白木耳。

银钟花

学名：*Halesia macgregorii*
科属：安息香科银钟花属

形态特征：落叶乔木，高6～10m。树皮光滑，灰白色。叶纸质，椭圆形至长椭圆形，长5～13cm，网脉清晰，边缘有锯齿，叶背浅绿色，脉腋有簇毛；叶柄长7～15cm。总状花序腋生；花白色，先于叶开放或与叶同时开放。核果椭圆形，具4条宽纵翅。花期4月，果期9月。

生态习性：喜光，耐半阴。喜温凉气候。适生于湿润肥沃的酸性土壤，稍耐干旱。萌蘖性强。

景观应用：树冠开展，枝叶扶疏，花开淡雅，果实似铃，秋叶暗红，变色期统一，适宜在景区、公园栽植作绿化景观树种。

经济价值：木材可供制造各种家具或农具。

栓叶安息香

学名：*Styrax suberifolius*
别名：红皮树
科属：安息香科安息香属

形态特征：常绿小乔木，高达10m。树皮红褐色。嫩枝、叶背被锈褐色绒毛。叶互生，革质，椭圆形至椭圆状披针形，基部楔形，边近全缘。总状花序或圆锥花序，顶生或腋生；花白色，长1～1.5cm。果实卵状球形，密被褐色绒毛。花期4～6月，果期8～9月。

生态习性：喜光，亦耐阴。喜温暖湿润气候。适生于疏松透气、土层深厚的酸性土壤。生长迅速。

景观应用：枝繁叶茂，两面叶色迥异，风吹叶动十分显眼，适合作城乡园林及森林公园的景观树种。

经济价值：木材坚硬，可作家具和器具用材。种子可供制肥皂或油漆。根和叶可入药。

流苏树

学名：*Chionanthus retusus*
别名：糯米花
科属：木犀科流苏树属

形态特征：落叶灌木或乔木，高2～8m。叶对生，厚革质，椭圆形或长圆形，长2.5～8cm，先端常微凹，全缘或有细锯齿，侧脉4～6对，下面网脉凸起呈蜂窝状。聚伞状圆锥花序顶生，长5～10cm，花单性；花冠白色，4深裂，呈流苏状。核果椭圆形，成熟时黑色。花期4～5月，果期8～10月。

生态习性：喜光。喜温暖湿润气候，耐寒。适应性强，对土壤要求不严，耐干旱贫瘠，不耐水涝。生长较慢。

景观应用：枝叶扶疏，姿态潇洒，花期如雪压树，十分壮观，是优良的景观树种，可在城市园林作园林景观树，亦可在荒山、坡地、景区点缀搭配作林相景观改造树种。

经济价值：木材可供制器具。花、嫩叶晒干可代茶。果可供榨油。

100 白花泡桐

学名：*Paulownia fortunei*
别名：泡桐、大果泡桐
科属：玄参科泡桐属

形态特征：落叶乔木，高6～12m。小枝褐灰色，有明显皮孔。幼枝、叶、花序和幼果密被黄褐色星状绒毛。叶片长卵状心形，长大于宽，叶背面常有腺点。圆锥花序呈圆柱形，长约25cm；花冠白色。蒴果长圆形，长6～10cm，果皮木质。花期3～4月，果期7～8月。

生态习性：喜光树种。喜温暖气候，较耐寒。适应性强。生长迅速，萌蘖性极强。

景观应用：树体高大，生长迅速，适应性强，花大美丽，适宜在景区、林区、厂矿等处观赏，亦可在荒山荒地造林作先锋树种。

经济价值：叶、花可入药。

相似种

台湾泡桐（*Paulownia kawakamii*）：叶片长宽几相等；花序为宽大圆锥形，长可达1m，花冠蓝紫色；蒴果卵圆形，长2.5～4cm，果萼强烈反折。

参考文献

中国植物志编委会. 中国植物志1-80卷. 北京：科学出版社，1994-2004.

浙江植物志编委会. 浙江植物志（1-7卷）. 杭州：浙江科学技术出版社，1989-1993..

吴棣飞，王军峰，姚一麟. 彩色叶树种. 北京：中国电力出版社，2015.

李根有，陈征海，桂祖云. 浙江野果200种精选图谱. 北京：科学出版社，2013.

李根有，陈征海，项茂林. 浙江野花300种精选图谱. 北京：科学出版社，2012.

李根有，陈征海，杨淑贞. 浙江野菜100种精选图谱. 北京：科学出版社，2011.

李根有，陈征海，陈高坤，等. 浙江野生色叶树200种精选图谱. 北京：科学出版社，2017.

陈征海，孙孟军. 2014. 浙江省常见树种彩色图鉴. 浙江：浙江大学出本社.

裘宝林. 浙江重要野生秋色叶树种. 南京林业大学学报，1990，14（1）：68-73.

中文名索引

拉丁名索引